科学のアルバム

テントウムシ

佐藤有恒

あかね書房

もくじ

構成●七尾　純
イラスト●夏目義一
渡辺洋二
林　四郎
装丁●画工舎

科学のアルバム

テントウムシ

佐藤有恒（さとう　ゆうこう）

一九二八年、東京都麻布《あざぶ》に生まれる。

子どものころより昆虫《こんちゅう》に興味《きょうみ》をもち、東京都公立学校に勤《つと》めながら昆虫写真を撮《と》りつづける。

一九六三年、東京都銀座《ぎんざ》で虫と花をテーマにした個展《こてん》をひらき、翌《よく》一九六四年に、フリーのカメラマンとなる。

以後《いご》、すぐれた昆虫生態《せいたい》写真を発表しつづけ「昆虫と自然《しぜん》のなかに美を発見した写真家」として注目される。

おもな著書《ちょしょ》に「アサガオ」「ヘチマのかんさつ」「紅葉のふしぎ」「花の色のふしぎ」（共にあかね書房）などがある。

一九九一年、逝去《せいきょ》。

春風《はるかぜ》にさそわれるように、
草《くさ》むらや落葉《おちば》のかげから、
テントウムシがとびたちます。
どんなくらしが
はじまるのでしょう。

●アカメガシワの新芽《しんめ》から
とびたつナミテントウ。

➡早春《そうしゅん》の山《やま》にさくカタクリの花《はな》。雪《ゆき》がとけた山《やま》に，まっ先《さき》に芽《め》をだし，花《はな》をさかせるのはカタクリです。

⬇落葉《おちば》の上《うえ》で，春《はる》のあたたかい光《ひかり》をあびるナナホシテントウ。冬《ふゆ》の寒《さむ》さからときはなされると，テントウムシはかくれていたところからはいだし，日光浴《にっこうよく》をします。

←ナナホシテントウで，気温《きおん》と活動《かつどう》の関係《かんけい》をしらべてみました。15°Cで活発《かっぱつ》にえさを食《た》べはじめ，18～20°Cになると，よくとぶようになりました。

冬眠《とうみん》からさめて

四月《がつ》、春《はる》が北風《きたかぜ》をおしのけ、草《くさ》も木《き》も芽《め》をのばしはじめました。

冬《ふゆ》のあいだ、草《くさ》の根《ね》もとや岩《いわ》のわれめにかくれていたテントウムシが、おもいおもいにはいだしてきて、とびたちはじめます。

いったいテントウムシは、春《はる》のおとずれをなにによってしるのでしょう。

それは、一日《にち》の昼《ひる》の長《なが》さや、あたたかい日《ひ》のつづきぐあいによってだといわれています。きっと、テントウムシのからだのどこかに、時計《とけい》や温度計《おんどけい》のやくめをするしくみがあるのでしょう。

➡バラのつぼみについたアリマキ。アリマキの正式《せいしき》の名前《なまえ》（和名《わめい》）はアブラムシです。さまざまな草木《くさき》について，針《はり》のような口《くち》をつきさし，植物《しょくぶつ》のしるをすいます。

⬅アリマキを食《た》べにやってきたナミテントウ。ナナホシテントウもナミテントウもアリマキをよく食《た》べます。だから植物《しょくぶつ》にとって，テントウムシはありがたい昆虫《こんちゅう》です。

アリマキをさがして

春《はる》の仕事《しごと》は、まずはらごしらえからです。テントウムシはとびながら、えものがいそうな場所《ばしょ》をさがします。

テントウムシが目《め》をさますよりもはやく、草《くさ》や木《き》の芽《め》ばえをしって、活動《かつどう》をはじめている虫《むし》がいます。アリマキです。アリマキは、草木《くさき》のしるをすってどんどんふえつづけます。

テントウムシのえものは、そのアリマキです。テントウムシは、アリマキがたくさんいそうなハルジョオンやバラのわかい芽《め》をさがしあてて、えものにありつくのです。

きみが、もしテントウムシをみつけようとおもったら、そんなところをさがしてごらん。

↑アリマキを食《た》べるナナホシテントウ。

←アリマキがむらがるバラの小《こ》えだに，えさをもとめてやってきたナミテントウ。えさ場《ば》でたまたまであったおすとめすが交尾《こうび》のあいてになります。

←バラの葉《は》の上《うえ》で交尾《こうび》をするナミテントウ。なかにはむれになって冬《ふゆ》ごしをしているあいだに、交尾《こうび》をおわるものもいます。

おすとめすのであい

テントウムシは、アリマキのいる葉《は》のうらやえだの上《うえ》をはいまわり、手《て》あたりしだいにアリマキをとらえます。そして、するどいあごをつきたてて、からだのなかみをすいつくしてしまいます。

草《くさ》の葉《は》やくきの上《うえ》には、食《た》べのこされたアリマキの皮《かわ》だけが、点《てん》てんとのこっています。

アリマキがいる場《ば》所《しょ》には、えさをもとめてなんびきものテントウムシがあつまります。だから、そこがおすとめすのであいの場《ば》所《しょ》にもなるわけです。

あたたかい日《ひ》ざしをうけて、葉《は》の上《うえ》で交尾《こうび》をしているテントウムシをよくみかけます。

➡草《くさ》の葉《は》のうらにうみつけられたナナホシテントウのたまご。親《おや》は１か月《げつ》のあいだに数《すう》回《かい》，たまごをうみます。

⬅草《くさ》のくきにうみつけられたナミテントウのたまご。産《さん》卵《らん》のようすをガラスごしに下《した》からみました。細《ほそ》長《なが》いたまごをたててうみつけます（円《えん》内《ない》はナナホシテントウ）。

産《さん》卵《らん》・だいだい色《いろ》のたまご

交《こう》尾《び》から一週《しゅう》間《かん》ほどたつと、テントウムシは、木《き》のえだ、くき、葉《は》のうらなどに三十〜四十個《こ》のたまごをまとめてうみつけます。

産《さん》卵《らん》のためにえらばれた場《ば》所《しょ》をよくしらべてみると、どこもかならずアリマキがむらがっている草《くさ》や木《き》の芽《め》のそばです。なにか、わけがありそうですね。

たまごの色《いろ》は、つやのあるだいだい色《いろ》。長《なが》さ約《やく》一・五ミリメートル、ラグビーボールのような、たてに長《なが》い形《かたち》をしています。

テントウムシは、たまごを一つ一つうえつけるようにうんでいきます。どんな幼《よう》虫《ちゅう》がうまれてくるでしょう。

➡幼虫《ようちゅう》のふ化《か》。葉《は》のうらにうみつけられていたたまごから，ナナホシテントウの幼虫《ようちゅう》がかえります。足《あし》をかがめ，のびあがるようにしてできます。たまごからかえったばかりの幼虫《ようちゅう》を1令《れい》幼虫《ようちゅう》といいます。

幼虫《ようちゅう》のたんじょう

うみつけられたたまごは、三～四日《か》でかえります。たまごの色《いろ》が白《しろ》っぽくなり、黒《くろ》いすじがすけてみえるようになると、まもなく幼虫《ようちゅう》のたんじょうです。

たまごのからをやぶってでてきたのは、毛《け》むくじゃらの幼虫《ようちゅう》です。これが、あざやかな色《いろ》、つやつやした羽《はね》をもったテントウムシの子《こ》どもだなんて、ちょっとそうぞうできませんね。

たまごからでてきたときは、白《しろ》っぽいからだをしていた幼虫《ようちゅう》も、ぜんぶのたまごがかえるころには、黒《くろ》い色《いろ》にかわります。そして、ぬけがらの上《うえ》にかたまりになってしがみつき、からだがかわくのをまちます。

➡小《こ》えだにうみつけられたナミテントウのたまご。40個《こ》のたまごのうち，ひとつだけとう明《めい》なものがありました。ときどきこのようなたまごがまじっていることがあります。

⬆つぎつぎにかえりはじめた幼虫《ようちゅう》。でもひとつだけ，かえらないたまごがありました。とう明《めい》なたまごです。不良《ふりょう》のたまごだったのですね。

⬅うまれてから，およそ１時間《じかん》たった幼虫《ようちゅう》。体長《たいちょう》は約《やく》２ミリメートル。じっとしているうちに，このような色《いろ》にかわってきました。

➡ナミテントウの幼虫《ようちゅう》のおしりにあるきゅうばん（矢印《やじるし》）。幼虫《ようちゅう》は，6本《ぽん》の足《あし》ときゅうばんをつかってあるきます。すいつく力《ちから》はなかなかつよく，ちょっとさわっただけではなれません。

⬇葉《は》のうらがわをあるくナミテントウの幼虫《ようちゅう》。きゅうばんのおかげで，葉《は》のはしまでだって，アリマキをおいかけていけます。

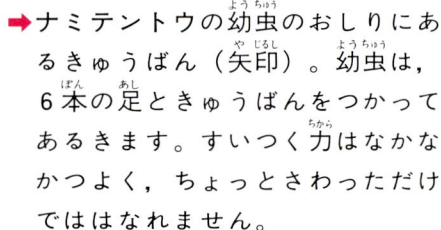

アリマキを食《た》べるナミテントウの1令《れい》幼《よう》虫《ちゅう》。自分《じぶん》のからだほどもあるアリマキにおそいかかります。ナナホシテントウもナミテントウも，一生《いっしょう》をとおしてアリマキを食《た》べて，生《い》きているのです。

幼虫《ようちゅう》のくらし

テントウムシの幼虫《ようちゅう》のおしりには、きゅうばんがあります。だから、どんなところにでもすいつくことができます。

幼虫《ようちゅう》は、きゅうばんをたくみにつかって、葉《は》の上《うえ》やうらを、おもいおもいにえさをもとめてあるきはじめます。

えさは親《おや》とおなじアリマキです。親《おや》がたまごをアリマキのいるそばにうみつけてくれたおかげで、幼虫《ようちゅう》は、すこしあるくだけでえさにありつくことができます。

幼虫《ようちゅう》は小《ちい》さいくせに、するどいあごをもっていて、アリマキに食《く》いつき、からだのなかみをすいとってしまいます。

➡3度目《どめ》の皮《かわ》ぬぎをして，4令《れい》（終令《しゅうれい》）になるナミテントウの幼虫《ようちゅう》。体長《たいちょう》は約《やく》8ミリメートル。幼虫《ようちゅう》時代《じだい》の最後《さいご》のすがたです。

幼虫《ようちゅう》の成長《せいちょう》

幼虫《ようちゅう》は、皮《かわ》ぬぎをくりかえしながら、だんだん大《おお》きくなります。しりにあるきゅうばんで、小《こ》えだにすいつき、さかさまにぶらさがってから、小《ちい》さくなった古《ふる》い皮《かわ》をぬぎすてます。二度《ど》皮《かわ》ぬぎをして三令《れい》幼虫《ようちゅう》になると、はらの横《よこ》にだいだい色《いろ》のもようがあらわれます。

そして三度目《どめ》の皮《かわ》ぬぎをして、四令《れい》幼虫《ようちゅう》になります。四令《れい》幼虫《ようちゅう》は、幼虫《ようちゅう》の最後《さいご》のすがたなので、終令《しゅうれい》幼虫《ようちゅう》ともよんでいます。

幼虫《ようちゅう》はなかなかどうもうです。えさのアリマキがじゅうぶんでないと、まだ、かえっていないなかまのたまごを食《た》べたり、ときには、幼虫《ようちゅう》どうしが食《た》べあうこともあります。

←とも食《く》いをするナミテントウの4令幼虫《れいようちゅう》。肉食《にくしょく》のテントウムシは，えさがみつからないと，かえったばかりでも，とも食《く》いをしてしまうことがあります。

↓麦《むぎ》のほにもアリマキがつきます。ナナホシテントウ，ナミテントウ，ヒメカメノコテントウなどの幼虫《ようちゅう》が，えさをもとめて麦《むぎ》のほをはいまわります。5～6月《がつ》の麦《むぎ》のほは，テントウムシをかんさつするのによい場所《ばしょ》です。

ナミテントウの前蛹《ぜんよう》。背中《せなか》をまるくちぢめて，1～2日間《にちかん》ぐらいじっとしています。

さなぎになる日《ひ》

じゅうぶんにえさを食《た》べた幼虫《ようちゅう》は、やがて、木《き》のみきや葉《は》の上《うえ》にうずくまったままうごかなくなります。ねばる液《えき》をだして、しりを固定《こてい》したのです。

その場《ば》所《しょ》は、ナナホシテントウではたいてい草《くさ》むら、ナミテントウでは木《き》の上《うえ》です。どちらもえさ場《ば》からはなれていて、ほかの虫《むし》があまりとおらないしずかな場《ば》所《しょ》です。

こんな場《ば》所《しょ》をえらぶのも、これから最後《さいご》の皮《かわ》ぬぎをして成虫《せいちゅう》になるまでのあいだ、もっとも安全《あんぜん》な場《ば》所《しょ》ですごすひつようがあるからでしょう。

→①背中《せなか》の方《ほう》からみたナミテントウの前蛹《ぜんよう》。下《した》の方《ほう》が頭《あたま》です。②2日目《かめ》がすぎるころから，前蛹《ぜんよう》の背中《せなか》がさけはじめ，中《なか》からだいだい色《いろ》のからだがあらわれます。③幼虫《ようちゅう》の皮《かわ》がすっかりぬげて，さなぎにかわりました。④はらがちぢんで，もようがうきでてきます。⑤もようの黒《くろ》みがまして，⑥およそ3時間《じかん》で蛹化《ようか》がおわりました。

↓ハルジョオンの花《はな》の下《した》でみつけたナナホシテントウのさなぎ。小《ちい》さな日《ひ》かげが，さなぎをまもります。

さなぎにかわる直前《ちょくぜん》のすがたを前蛹《ぜんよう》とよび、前蛹《ぜんよう》からさなぎになることを蛹化《ようか》といいます。蛹化《ようか》のようすを、こまかくかんさつしてみましょう。

↑なにかにおどろいて，とつぜんピクッとおきあがったさなぎ。

↑木《き》について，じっとうごかないナミテントウのさなぎ。

さなぎがうごいた！

とつぜん、さなぎがピクッとおきあがりました。ちょうど太陽《たいよう》が木《き》のかげからのぼり、さなぎに光《ひかり》があたったときです。

きっと、またからだの中《なか》の温《おん》度《ど》計《けい》がはたらき、からだの角《かく》度《ど》をかえて、からだにうける日光《にっこう》の量《りょう》を調節《ちょうせつ》しているのでしょう。

ぐうぜん、アリがさなぎにちかづきました。アリがさなぎにふれたとたん、またピクッとからだをおこしました。

さなぎはにげることができません。だから、敵《てき》のけはいをかんじたさなぎは、とつぜんからだをおこして、あいてをおどろかそうとしたのでしょう。

↑つよい光《ひかり》をうけて，おきあがったナミテントウのさなぎ。背《せ》中《なか》が水《すい》平《へい》になるほどからだをおこして，おきあがります。ピクピクとなん回《かい》もくりかえしたり，ときにはおこしたままじっとしています。

↑羽化《うか》をはじめたナナホシテントウ。羽《はね》の色《いろ》はうすいだいだい色《いろ》です。まだもんがはっきりでていません。

テントウムシの羽化《うか》

さなぎになってから五日目《かめ》、さなぎがのびあがるようにからだをおこしました。はらが小《こ》きざみにのびちぢみをくりかえしています。

やがて背中《せなか》のあたりがわれて、最後《さいご》の皮《かわ》ぬぎがはじまります。

幼虫《ようちゅう》時代《じだい》のすがたとはみちがえるような成《せい》虫《ちゅう》のたんじょうです。

➡①午後《ごご》3時《じ》30分《ぷん》，ナミテントウのさなぎのからだがたてにのびてきました。節《ふし》と節《ふし》のあいだにすきまが白《しろ》くみえます。羽化《うか》のはじまりです。②背中《せなか》がわれて，頭《あたま》がでてきました。③からだがぜんぶでました。羽《はね》の色《いろ》はうすいだいだい色《いろ》で，まだしわしわです。うすいもんがみえます。①から③まで約《やく》12分《ふん》かかりました。④頭《あたま》の位置《いち》をかえて上《うえ》にします。羽《はね》のしわしわがとれて，つやつやしてきました。午後《ごご》4時，内《うち》がわの羽《はね》がのびはじめました。⑤内《うち》がわの羽《はね》がのびきりました。⑥午後《ごご》4時《じ》40分《ぷん》，内《うち》がわの羽《はね》をたたみはじめて，⑦5分間《ふんかん》ぐらいで，たたみおわりました。

⬇からをぬぎおえたころ，ヤニサシガメがちかづいてきました。羽化《うか》してしばらくのあいだは，まだからだがかたまっていないので，とんでにげることができません。こんなときが，もっともきけんなときです。

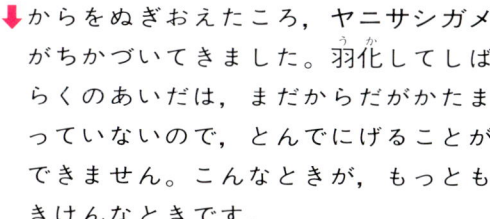

➡ナミテントウの後《うし》ろ羽《ばね》を，けんび鏡《きょう》でのぞいてみました。つるつるしているようにみえる羽《はね》にも，かく大《だい》してみると，こまかい毛《け》がはえていることがわかりました。この毛《け》の1本《ぽん》1本《ぽん》が，雨《あめ》をはじくやくわりなどをしているのでしょう。

⬆ナミテントウの前羽《まえばね》の色《いろ》がかわっていくようす。右《みぎ》，羽化後《うかご》1時間《じかん》。左《ひだり》，羽化後《うかご》1時間半《じかんはん》。

羽《はね》のひみつ

テントウムシの羽《はね》は四枚《まい》です。前羽《まえばね》がもんのあるかたい羽《はね》、後《うし》ろ羽《ばね》は前羽《まえばね》の下《した》にかくされている、うすいまくのような羽《はね》です。

後《うし》ろ羽《ばね》が前羽《まえばね》の下《した》にかくされるようすは、外《そと》からみていると、ただひきこまれていくだけのようですが、じつは、たいへんきそくただしくたたみこまれていくのです。

羽化《うか》しておよそ二時間《じかん》たちました。やわらかかったテントウムシのからだが、だんだんかたまってきたようです。

羽《はね》の色《いろ》もかわってきました。もんのまわりが黒《くろ》ずんできて、羽《はね》のもようがくっきりとうかびあがってきました。

③のタイプのナミテントウ。しばらくするともんは赤《あか》くなりました。

羽化《うか》したばかりのナミテントウ。しばらくたつと，①のタイプになりました。

さまざまな羽《はね》のもん

うまれてきたテントウムシの羽《はね》のもんをくらべておどろきました。どれもちがいます。ナナホシテントウのさなぎからは、かならず赤《あか》の地《じ》に黒《くろ》い点《てん》が七つの成虫《せいちゅう》しかうまれません。でも、ナミテントウはちがいます。

どれもおなじ親《おや》がうんだたまごからそだったのに、羽化《うか》した成虫《せいちゅう》のもんはさまざまです。

①黒《くろ》の地《じ》に赤《あか》いもんが二つのもの
②黒《くろ》の地《じ》に赤《あか》いもんが四つのもの
③黒《くろ》の地《じ》に赤《あか》いもんがたくさんあるもの
④赤《あか》の地《じ》に黒《くろ》いもんがあるもの

おなじ親《おや》からうまれたのに、どうしてこのようなちがいがでてくるのかふしぎですね。

⬇ナミテントウのもようのタイプ。

⬅ナナホシテントウの羽化《うか》。はじめは、だいだい色《いろ》一色《いっしょく》の羽《はね》でしたが、だんだん地《じ》が赤《あか》くなり、まっ黒《くろ》いもんが七つうきあがってきました。どのさなぎからも、おなじもようのテントウムシがうまれました。

テントウムシのなかま

昆《こん》虫《ちゅう》を食《た》べるなかま

ナミテントウやナナホシテントウのほかに、まだいろいろいます。テントウムシには、ほかの昆《こん》虫《ちゅう》を食《た》べて生《い》きている種《しゅ》類《るい》と、ナスなどの葉《は》を食《た》べて生《い》きている種《しゅ》類《るい》に、大《おお》きくわけられます。

↑カメノコテントウ　クルミの木《き》につくクルミハムシの幼虫《ようちゅう》を食《た》べます。体長《たいちょう》11ミリメートル。

↑ヒメアカボシテントウ　クワ，ナシの木《き》につくクワカイガラムシを食《た》べます。体《たい》長《ちょう》5ミリメートル。

↓ベニヘリテントウ　カシやシイの木《き》につくオオワラジカイガラムシを食《た》べます。体長《たいちょう》6ミリメートル。

植物《しょくぶつ》を食《た》べるなかま

⬆**ニジュウヤホシテントウ**　ジャガイモ，ナスなどの葉《は》を食《た》べる害虫《がいちゅう》です。体長《たいちょう》7ミリメートル。

⬇**トホシテントウ**　カラスウリなどの葉《は》を食《た》べます。体長《たいちょう》8ミリメートル。

➡⬇**オオニジュウヤホシテントウ**　成虫《せいちゅう》も幼虫《ようちゅう》（右《みぎ》）もともに，ナス科《か》の植物《しょくぶつ》の葉《は》を食《た》べます。体長《たいちょう》8ミリメートル。

⬇**ヒメカメノコテントウ**　幼虫《ようちゅう》，成虫《せいちゅう》ともにアリマキを食《た》べます。体長《たいちょう》5ミリメートル。

⬆**ベダリヤテントウ**　くだものの木《き》につくイセリヤカイガラムシを食《た》べます。体長《たいちょう》4ミリメートル。

➡麦畑《むぎばたけ》にいるナナホシテントウ。みどり色《いろ》のなかでは，赤色《あかいろ》はよくめだちます。敵《てき》にもすぐみつかってしまいます。

テントウムシがめだつわけは

テントウムシの羽《はね》の色《いろ》は、とてもあざやかです。だから、えさをもとめて草《くさ》の上《うえ》をあるいているだけで、とおくからでもよく目《め》についてし

アゲハチョウの幼虫《ようちゅう》。食草《しょくそう》にしている葉《は》の色《いろ》とおなじ色《いろ》です。うっかりさわると，オレンジ色《いろ》のつのをのばし，くさいにおいをだします。

ニイニイゼミ。まわりの木《き》の皮《かわ》の色《いろ》とみわけがつかないほどです。まわりの色《いろ》に自分《じぶん》のからだの色《いろ》をにせて，敵《てき》の目《め》をくらませるのです。

シャクガの幼虫《ようちゅう》。からだをぴんとのばして，小《こ》えだのようにみせかけます。木《き》の葉《は》にすがたをにせて，敵《てき》をあざむくガもいます。

まいます。これでは、すぐに敵《てき》にみつかってしまうのではないでしょうか。

昆虫《こんちゅう》にとって、いちばんの敵《てき》は野鳥《やちょう》です。野《や》鳥《ちょう》とたたかう武器《ぶき》をもたない昆虫《こんちゅう》たちは、いろいろな方法《ほうほう》で野鳥《やちょう》の目《め》をごまかし、身《み》をまもろうとしています。

まわりの草《くさ》や木《き》の色《いろ》にとけこむような色《いろ》をしたものや、木《き》のえだや葉《は》の形《かたち》に自分《じぶん》のからだをにせて、野鳥《やちょう》の目《め》をあざむくものもいます。

しかし、テントウムシは、わざわざ「どうぞ、食《た》べてください」とでもいっているようです。

ところが、テントウムシにとって〝めだつこと〟が、じつは、身《み》をまもるために自然《しぜん》からえた知《ち》えなのです。

↑きけんをかんじると，足《あし》の関節《かんせつ》から黄色《きいろ》いしるをだします。

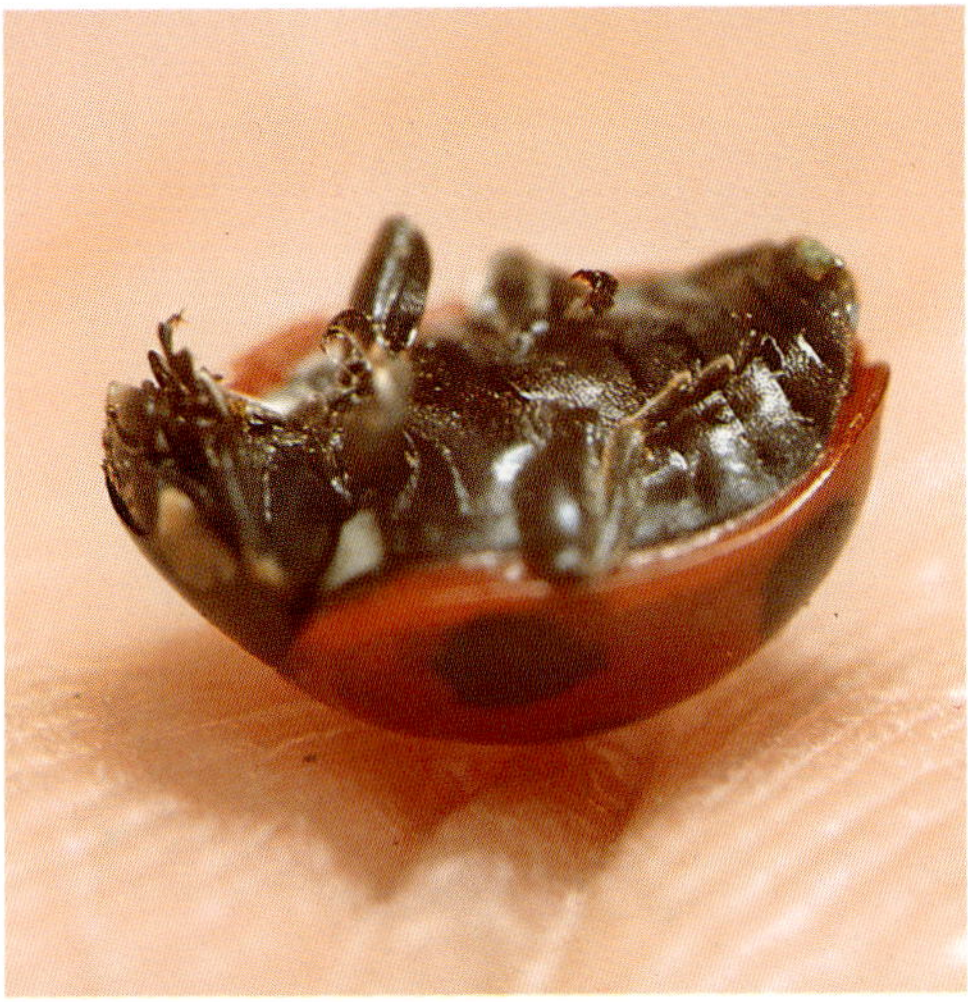

↑手《て》のひらの上《うえ》で足《あし》をちぢめて，死《し》んだまねをするナナホシテントウ。

草《くさ》の上《うえ》をはいまわっているテントウムシを指《ゆび》でつまんでごらん。テントウムシは、足《あし》をちぢめて、ポトリと地面《じめん》におちてしまいます。死《し》んだまねをして、敵《てき》の目《め》をそらそうとしているのです。

つまんだとき、指《ゆび》には黄色《きいろ》いしるがのこります。そのしるはとてもくさく、強《つよ》いにがみがあります。

野鳥《やちょう》たちは、長《なが》いあいだになん回《かい》となく、このにがいしるになやまされたのでしょう。そしていつしか、あの〝めだつ虫《むし》〟はまずいぞ、というけいかい心《しん》が身《み》についたのです。

あざやかな色《いろ》が、いまでは、かえって敵《てき》を用心《ようじん》させる信号《しんごう》になっているわけです。

↑ジョロウグモのあみにかかったナミテントウ。クモは一度《ど》はえものにちかづいてきましたが，テントウムシだとわかると，あわててにげだしました。

➡ススキのほが秋風《あきかぜ》になびきます。秋《あき》は，ねむりからさめたテントウムシが，ふたたび活動《かつどう》をする季節《きせつ》です。

⬇夏《なつ》をうたっていたアブラゼミも死《し》がいになって，アリの巣《す》へはこばれていきます。

秋《あき》のはんしょく期《き》

春《はる》には、あんなにたくさんいたテントウムシですが、夏《なつ》のあいだはほとんどみかけません。セミがさかんに夏《なつ》をうたっているあいだ、テントウムシは、草《くさ》の根《ね》もとにかくれてねむっているからです。

九月《がつ》、セミたちが一生《いっしょう》をおわるころ、またテントウムシは、いっせいに秋《あき》の野《の》にすがたをあらわします。ふたたびいそがしいはんしょくの季節《きせつ》です。

テントウムシは、アリマキをさがしに秋《あき》の草花《くさばな》をわたりあるきます。

アキノノゲシをさがしてごらん。くきにびっしりついたアリマキめあてに、かアキノノゲシには、アリマキがたくさんつきます。そのアリマキを食《た》べにテントウムシがやってくるのです。アリマキがだすあまいしるをめあてに、アリもやってきます。

ならずテントウムシがやってきます。
そこでは、アリマキからあまいしるをもらおうとするアリとテントウムシのあらそいがはじまるかもしれません。

←アリとアリマキは，たがいに利用《りよう》しあって生《い》きています。アリマキは，おしりからだすあまいしるをアリになめさせ，そのかわりアリには敵《てき》からまもってもらいます。

→↓ナミテントウとアリのあらそい。アリマキがだすしるは，アリの大《だい》こうぶつです。でもテントウムシは，アリマキを食《た》べます。だから，アリとテントウムシはかたきどうし。アリマキにテントウムシがちかづくと，アリはあごでかみつき，はらをまげてテントウムシをこうげきします。テントウムシは，触角《しょっかく》も足《あし》もちぢめて葉《は》にしがみつき，こうげきをかわします。

➡自動車《じどうしゃ》のまどガラスにとまってやすむナミテントウ。ナミテントウは，なにをてがかりに越冬場所《えっとうばしょ》の方角《ほうがく》をしるのでしょう。

移動《いどう》の季節《きせつ》

風《かぜ》がすずしさをまし、昼《ひる》の長《なが》さが日一日《ひいちにち》とみじかくなりました。

テントウムシは、体内《たいない》の温度計《おんどけい》で秋《あき》のおわりに気《き》づいたのでしょう。すっかりおちつきをうしない、いそがしくあたりをとびまわります。冬《ふゆ》ごしの場所《ばしょ》をさがしはじめたのです。

ナナホシテントウは、ちかくの草《くさ》むらや、落葉《おちば》の下《した》で冬《ふゆ》をこします。しかし、ナミテントウはちがいます。とおくはなれたところにある、きまった越冬場所《えっとうばしょ》にむかって、とびたちをはじめます。

とまっている自動車《じどうしゃ》のまどや、日《ひ》あたりのよい家《いえ》のかべに、たくさんのナミテントウが

⬅ナミテントウの前足《まえあし》。右《みぎ》は横《よこ》から、左《ひだり》は上《うえ》からみたところ（けんび鏡写《きょうしゃ》真《しん》）。つめの根《ね》もとあたりに、ねん液《えき》をふくんだこまかい毛《け》がブラシのようにはえています。この毛《け》のはたらきで、垂直《すいちょく》なガラスの上《うえ》でも自由《じゆう》にとまることができます。

⬇とびたつナミテントウ。東京付近《とうきょうふきん》では，10月《がつ》のおわりから11月《がつ》上旬《じょうじゅん》にかけて，風《かぜ》のないおだやかな日《ひ》に「とびたち」をします。

とまっていることがあります。越冬場所《えっとうばしょ》にむかうとちゅう、ひとやすみをしているのでしょう。

とびたってはやすみ、やすんではとびたち、ナミテントウはなん日《にち》もかけて、ある、きまった方向《ほうこう》にむかって移動《いどう》しているのです。

↑とびたったナミテントウの連続写真《れんぞくしゃしん》。かたい前羽《まえばね》（上《うえ》の羽《はね》）はぴんともちあげたまま，ほとんどうごかしません。うすい後《うし》ろ羽《ばね》（下《した》の羽《はね》）をのばし，前後《ぜんご》にはげしくうごかしてとびます。前羽《まえばね》はつばさのやくめ，後《うし》ろ羽《ばね》はプロペラのやくめをします。

⬆11月《がつ》のおわりころになると，この電柱《でんちゅう》にたくさんのナミテントウがあつまります。しかし，となりの電柱《でんちゅう》にはほとんどあつまりませんでした。

⬆草《くさ》むらにおりるナミテントウ。飛行《ひこう》がおわると，電柱《でんちゅう》の根《ね》もとの草《くさ》むらに，ぞろぞろとおりてきます。

⬆電柱《でんちゅう》にあつまったナミテントウ。この電柱《でんちゅう》は飛行《ひこう》がおわったナミテントウが着陸《ちゃくりく》する飛行場《ひこうじょう》のようなものなのでしょう。

集団《しゅうだん》になる日《ひ》

秋《あき》のおわり、北国《きたぐに》に雪《ゆき》のたよりがきかれるころ、東京《とうきょう》ではナミテントウのあつまる日《ひ》があります。それは、毎年《まいねん》きまったところにみられます。

あつまる場所《ばしょ》は、電柱《でんちゅう》だったり、岩《いわ》のすきまだったり、いろいろです。ナミテントウは、そこに、あとからあとからとんできて、集団《しゅうだん》になります。

もんがさまざまにちがっていても、やはりどれもナミテントウばかりです。

この季節《きせつ》になると、なぜナミテントウだけが、きまった場所《ばしょ》にとんできて、集団《しゅうだん》になるのでしょうか。

➡雑《ざつ》ぜんとしたこんなところで，テントウムシは冬《ふゆ》をこしています。横《よこ》たえてある竹《たけ》や木《き》，落葉《おちば》などが，つめたい風《かぜ》をさえぎってくれるのでしょう。

冬《ふゆ》のねむり

十二月《がつ》、ナミテントウは、草《くさ》の根《ね》もとや落葉《おちば》の下《した》で、かたまりになったままねむりにつきます。ふたたび春《はる》がめぐってくるまで、目《め》をさますことはありません。

ナナホシテントウは、大《おお》きな集団《しゅうだん》にはなりません。せいぜい七～八ぴきぐらいで、草《くさ》むらや落葉《おちば》の下《した》で冬《ふゆ》をすごします。

ナナホシテントウは、ナミテントウのように、ふかいねむりにつくことはありません。冬《ふゆ》のあいだでも、日中《にっちゅう》の気温《きおん》があがり、あたたかくなると、すぐうごきだし、低《ひく》い草《くさ》の葉《は》や落葉《おちば》の上《うえ》にでて、日《ひ》なたぼっこをしていることがあります。

←日《ひ》なたぼっこをするナナホシテントウ。冬《ふゆ》でも，あたたかい日《ひ》には落葉《おちば》のかげからはいだして，日《ひ》なたぼっこをしたり，羽《はね》をとじたりひらいたりしています。

↓岩《いわ》のすきまで，からだをよせあうようにして冬眠《とうみん》をするナミテントウ。ときには一か所《しょ》に，なん10ぴきもかたまっていることがあります。来年《らいねん》の３月《がつ》ごろまでは，目《め》をさましません。

石《いし》を一つ、めくってみました。
ナミテントウが集団《しゅうだん》で冬眠《とうみん》していました。
どれも死《し》んだようにうごきません。
でも、春《はる》がきたら、また元気《げんき》に
とびたつことでしょう。

＊ナミテントウのもんのひみつ

↑ナミテントウの交尾《こうび》。上《うえ》がおす，下《した》がめす。もんがちがっていてもおなじなかまです。どんなもようの子《こ》どもがうまれてくるでしょうか。

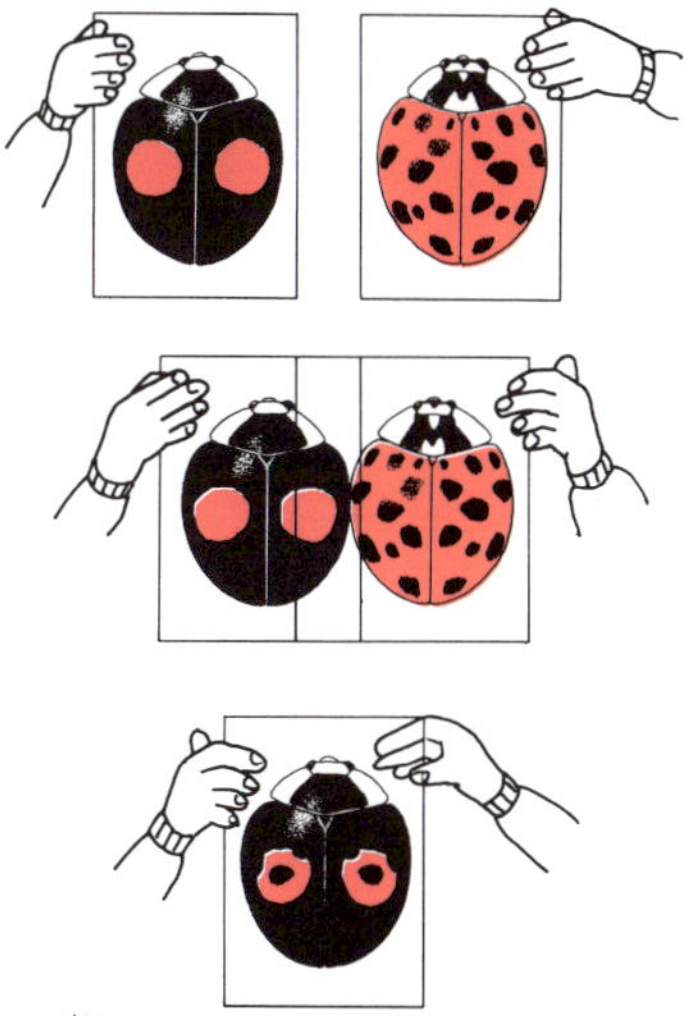

↑とう明《めい》なセロハンにテントウムシの絵《え》をかいてかさねあわせると，どんなもようになるかわかります。

さきにみてきたように、ナミテントウの羽《はね》のもんは、さまざまです。これを大《おお》まかにわけると、つぎの四つのタイプにわけることができました。

①黒《くろ》の地《じ》に赤《あか》いもんが二つのもの（二もん型《がた》）。
②黒《くろ》の地《じ》に赤《あか》いもんが四つのもの（四もん型《がた》）。
③黒《くろ》の地《じ》に赤《あか》いもんがたくさんあるもの（はんもん型《がた》）。
④赤《あか》の地《じ》に黒《くろ》いもんがあるもの注意1（紅型《べにがた》）。

おなじ種類《しゅるい》なのに、なぜこのようなちがいがうまれてくるのか、学者《がくしゃ》たちがしらべた結果《けっか》、つぎのようなことに気《き》づきました。

タイプのちがう親《おや》と親《おや》が交尾《こうび》して注意2うまれてくる子《こ》どものもようは、どれも両方《りょうほう》の親《おや》のもようをかさねあわせた形《かたち》になります。色《いろ》は、黒《くろ》と黒《くろ》がかさなった部分《ぶぶん》は黒《くろ》、黒《くろ》と赤《あか》がかさなった部分《ぶぶん》も黒《くろ》くあらわれます。赤《あか》と赤《あか》がかさなった部分《ぶぶん》だけが赤《あか》くなります。たとえば、二もん型《がた》と紅型《べにがた》の親《おや》からうまれた子《こ》どもは、右上《みぎうえ》の図《ず》のように、まるでめがねをかけたようなもようがあらわれます。

注意《ちゅうい》1　なかには、黒《くろ》いもんがまったくない、赤一色《あかいっしょく》のものもいます。
注意《ちゅうい》2　ここでは、ほかのタイプの性質《せいしつ》がまったくまじっていない、純《じゅん》すいな親《おや》どうしのあいだにできた子《こ》どもの例《れい》をあつかっています。

●ナミテントウのもようの遺伝図《いでんず》

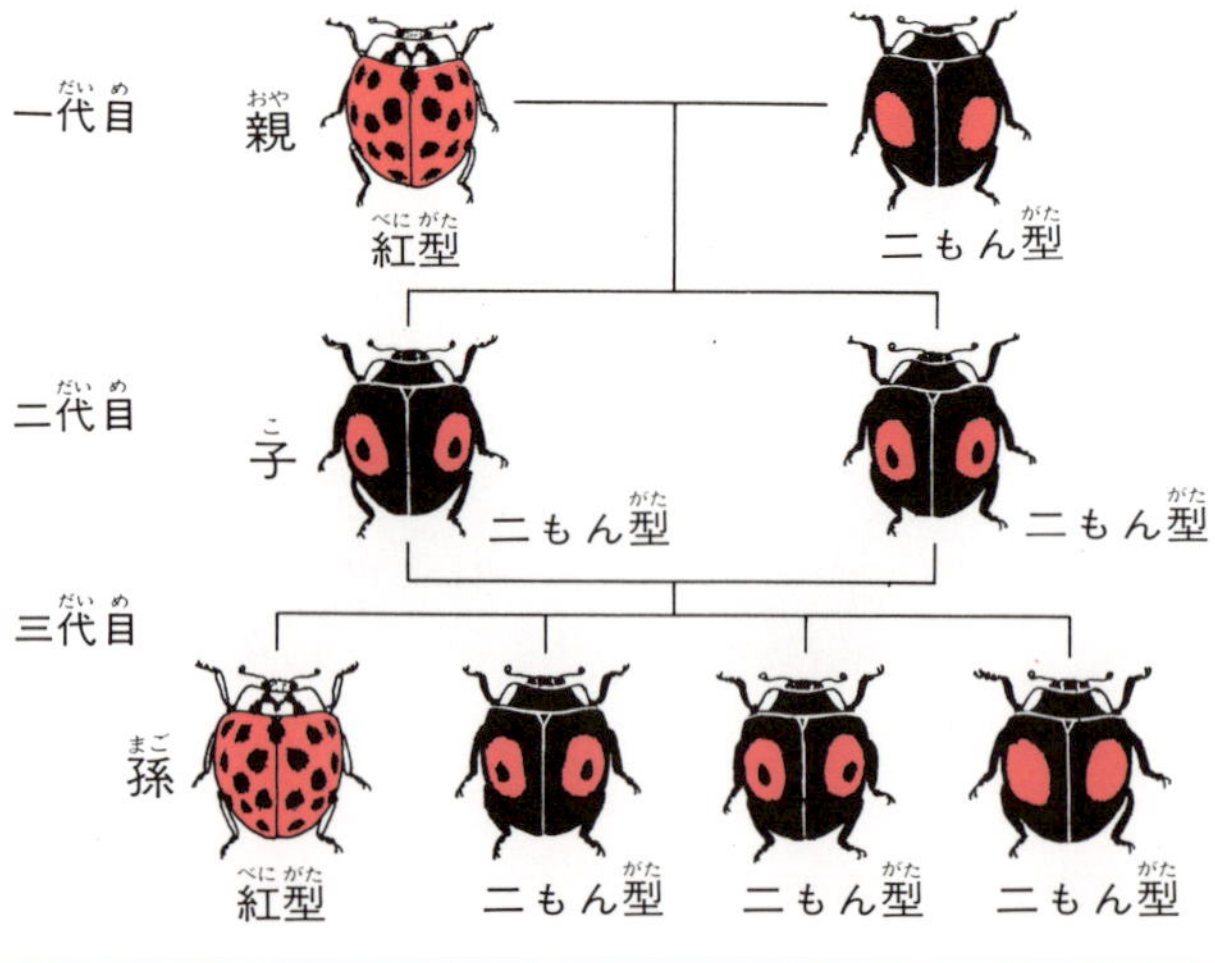

●4つのタイプもこまかくみれば，さらにいろいろな変形《へんけい》したタイプがあります。

タイプ	変形《へんけい》したいろいろなもよう
二もん型《がた》	
四もん型《がた》	
はんもん型《がた》	
紅《べに》型《がた》	

つぎに、〝孫《まご》〟の代《だい》になるとどうなるでしょう。おなじ親《おや》（二代目《だいめ》）からうまれたのに、こんどは一代目《だいめ》の親《おや》のそれぞれのとくちょうをあわせもった、いくつかのもようにわかれます。

いまの例《れい》でいうと、㋑二もん型《がた》。㋺もんのなかに黒《くろ》い点《てん》があって親《おや》とおなじ二もん型《がた》。㋩紅《べに》型《がた》です。その数《かず》の割《わり》合《あい》は、㋑と㋺をあわせた二もん型《がた》が三に対《たい》して、㋩の紅《べに》型《がた》が一の割合《わりあい》でうまれてきます。

東京《とうきょう》のある電柱《でんちゅう》に、集団越冬《しゅうだんえっとう》のためにあつまってきたナミテントウを、むぞうさに手《て》ですくって、タイプ別《べつ》に数《かず》をかぞえてみました。その結果《けっか》が五十一ページの表《ひょう》です。二もん型《がた》が、圧倒的《あっとうてき》に多《おお》いことがわかります。ところが、北海道《ほっかいどう》ではいちばん多《おお》いのは紅型《べにがた》、九州《きゅうしゅう》ではほとんどが二もん型《がた》だそうです。

ナミテントウは、日本《にっぽん》だけではなく、大陸《たいりく》にも広《ひろ》く分《ぶん》布《ぷ》しています。そのもんのタイプは、やはり北《きた》へいけばいくほど紅型《べにがた》が多《おお》くなっていくことが、学者《がくしゃ》たちのかんさつで、つきとめられています。

地方別《ちほうべつ》にみたナミテントウのタイプ　駒井《こまい》，大羽博士《おおばはくし》ほかの研究資料《けんきゅうしりょう》より（1956年《ねん》）

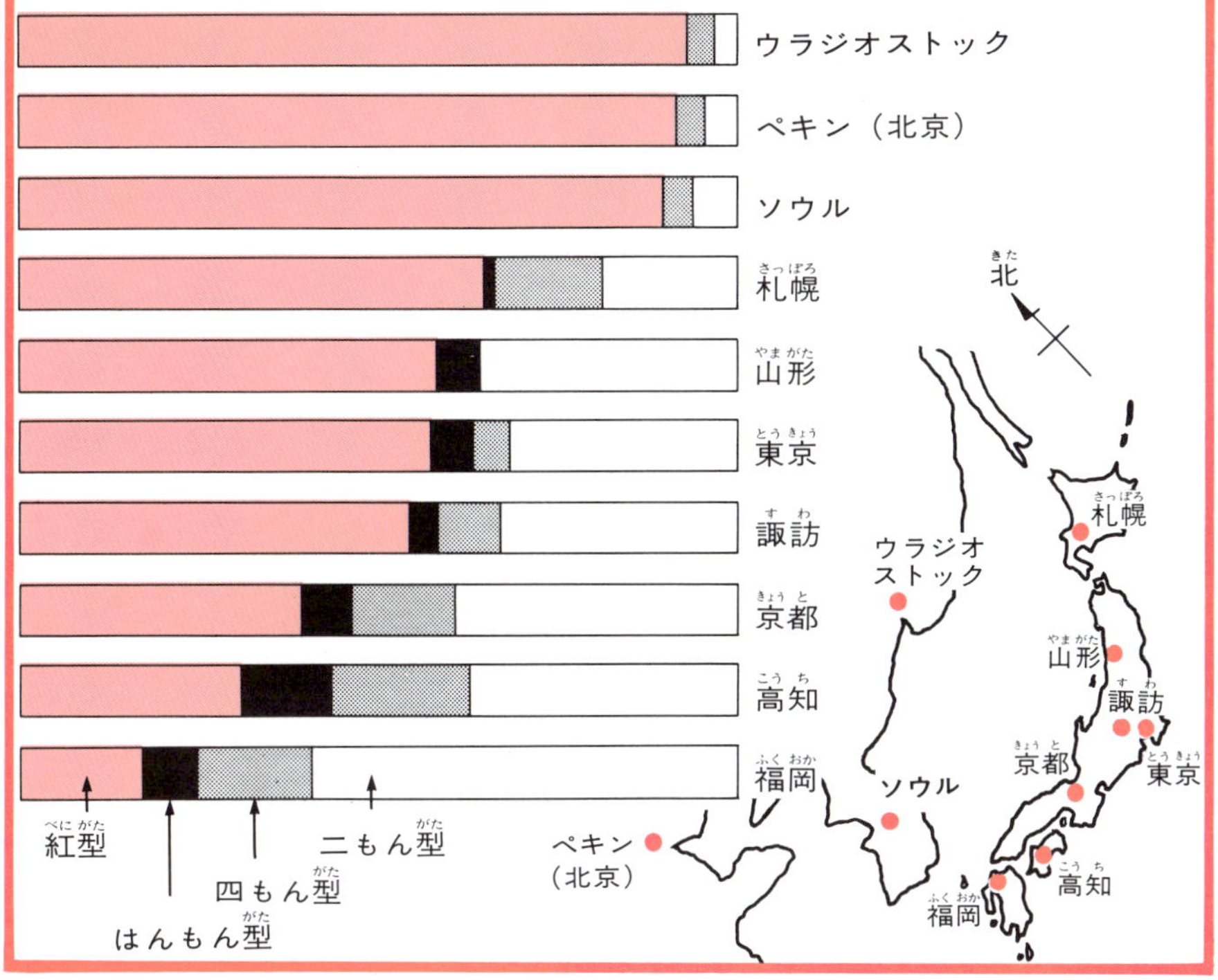

これらのことから、ナミテントウのもんは、あたたかい南《みなみ》の地方《ちほう》は二もん型《がた》が多《おお》く、だんだん北《きた》の寒《さむ》い地方《ちほう》にいくにしたがって紅型《べにがた》が多《おお》くなっていき、気候《きこう》とふかい関係《かんけい》があることがわかります。

←東京《とうきょう》のある電柱《でんちゅう》に，集団越冬《しゅうだんえっとう》のためにあつまったナミテントウ。二もん型《がた》が圧倒的《あっとうてき》に多《おお》くみられます。

ナミテントウのタイプとその数《かず》

もようのタイプ	とれた数《かず》	パーセント
二もん型《がた》	280	約《やく》69.1%
四もん型《がた》	35	8.6
はんもん型《がた》	17	4.2
紅《べに》　型《がた》	73	18.0

＊集団越冬《しゅうだんえっとう》のなぞ

➡毎年《まいとし》、秋《あき》のはれた日《ひ》、この古《ふる》い電柱《でんちゅう》には、きまったようにナミテントウがあつまります。

毎年《まいとし》、秋《あき》のある日《ひ》になると、ナミテントウは、まるでもうしあわせでもしたように、いっせいに、ある、きまった場所《ばしょ》にあつまってきて、集団《しゅうだん》になって冬《ふゆ》をこします。あるものは、数《すう》キロメートルもはなれたところからとんでくるものもいます。集団《しゅうだん》になる場所《ばしょ》をめざしてとびたつ日《ひ》は、毎年《まいとし》ちがいます。しかし、その日《ひ》の天気《てんき》や気温《きおん》などを注意《ちゅうい》ぶかくしらべてみると、とびたちの日《ひ》はいつもきまって、よくはれた風《かぜ》のない日《ひ》です。そして、気温《きおん》が二十度《ど》以上《いじょう》の日《ひ》であることに気《き》づきます。

春《はる》から夏《なつ》にかけては、どれもばらばらになってくらしているテントウムシが、なぜか秋《あき》がおわりにちかづくころには、はなれてくらす性質《せいしつ》がきえて、なかまどうしあつまろうとする性質《せいしつ》がつよくあらわれるようです。（五十三ページ実験参照《じっけんさんしょう》）

なんのために集団《しゅうだん》になるのでしょうか。たくさんの集団《しゅうだん》のかんさつ例《れい》から、つぎのことがたしか

●実験《じっけん》——集団《しゅうだん》になるようす

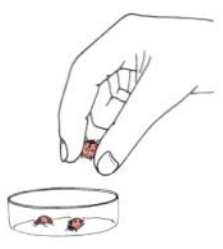

電柱《でんちゅう》にとんできたテントウムシをあつめてシャーレの中《なか》にいれました。そして、テントウムシが、どんなうごきをするか、時間《じかん》をおってかんさつしてみました。

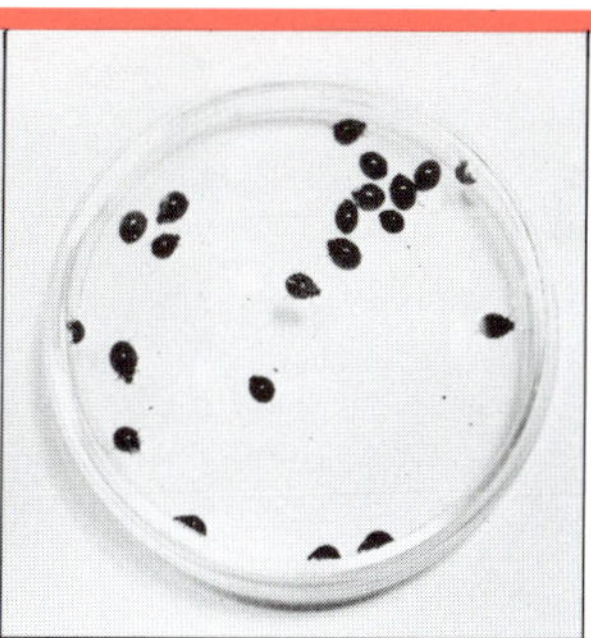

テントウムシをシャーレの中《なか》にいれました。
テントウムシは、短《みじか》い触角《しょっかく》をうごかしながら、シャーレの中《なか》を、あちこちあるきまわっています。

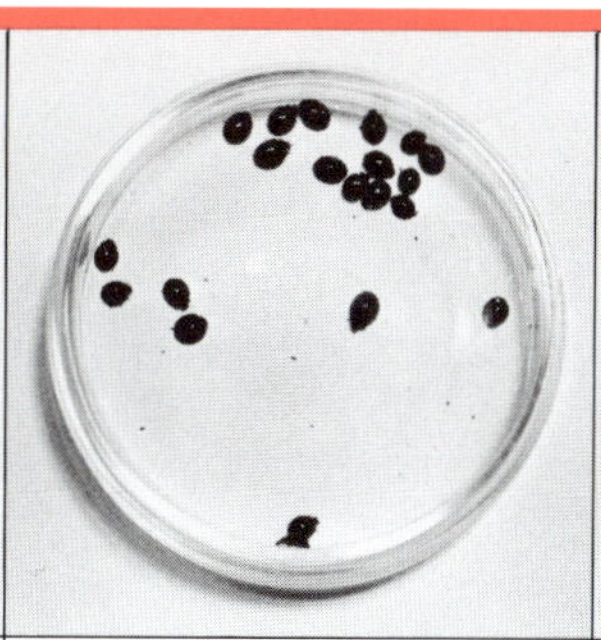

約《やく》十分《ぶん》後《ご》、ばらばらにいたテントウムシが、あるきまわっているうちに、だんだんすみの方《ほう》にかたまってきました。
でも、まだうろうろしているものもいます。

約《やく》二十分《ぶん》後《ご》、どのテントウムシも、ついに一か所《しょ》にぎっしりかたまってしまいました。
テントウムシは足《あし》をちぢめて、じっとうごかなくなってしまいました。

められています。
①集団《しゅうだん》が大《おお》きければ大《おお》きいほど、春《はる》まで生《い》きのこる割合《わりあい》（生存率《せいぞんりつ》）が高《たか》い。
②春《はる》になって、すぐ交尾《こうび》のあいてにであいやすい。
しかし、広《ひろ》い野原《のはら》でばらばらにくらしていたナミテントウが、なににさそわれ、なにを手《て》がかりに、一度《いちど》もみたこともない場所《ばしょ》にみちびかれてくるのかは、まだときあかされていないなぞです。

●ナミテントウのとびたちの日《ひ》

東京《とうきょう》のある集合場所《しゅうごうばしょ》に，もっとも多《おお》くとんできた日《ひ》の記録《きろく》。(筆者《ひっしゃ》かんさつ)

年度《ねんど》	もっとも多《おお》くとびたった日《ひ》	その日《ひ》の天気《てんき》とようす
昭和《しょうわ》44年《ねん》	10月《がつ》26日《にち》	快晴《かいせい》。日中《にっちゅう》はとてもあたたかく，24°C～25°Cになった。風《かぜ》がない。
46年《ねん》	11月《がつ》5日《か》	あたたかい一日《にち》。気温《きおん》は20°Cをこえているとおもわれた。
47年《ねん》	11月《がつ》13日《にち》	一日中《にちじゅう》はれわたっていた。無風《むふう》。西《にし》から多《おお》くとんできた。
48年《ねん》	10月《がつ》31日《にち》	快晴《かいせい》。小春日《こはるび》より。天気予報《てんきよほう》どおり，一日中《にちじゅう》あたたか。風《かぜ》がゆるやかにふく。
50年《ねん》	11月《がつ》17日《にち》	正午《しょうご》，25°Cまでのぼった。正午《しょうご》ごろとんできた数《かず》がもっとも多《おお》かった。
51年《ねん》	11月《がつ》8日《か》	あたたかい一日《にち》。朝《あさ》10時《じ》ごろより正午《しょうご》までがもっとも多《おお》くとんできた。
52年《ねん》	11月《がつ》19日《にち》	気温《きおん》23°C。とびたちの日《ひ》がかんさつをはじめてから，もっともおそかった。

➡ミカン類《るい》の害虫《がいちゅう》イセリヤカイガラムシ。木《き》をからしてしまうことがあります。からだ全体《ぜんたい》が，ろうでおおわれています。

いまからおよそ百年前《ねんまえ》、アメリカではミカン類《るい》の葉《は》を食《た》べる害虫《がいちゅう》、イセリヤカイガラムシに大《おお》きな被害《ひがい》をうけて、こまっていました。

イセリヤカイガラムシは、もともとはアメリカ大陸《たいりく》にはいなかった昆虫《こんちゅう》です。原産地《げんさんち》はオーストラリアです。作物《さくもつ》などにまじって、船《ふね》ではこばれてきたのでしょう。

昆虫学者《こんちゅうがくしゃ》、C・V・ライレーは、イセリヤカイガラムシの原産地《げんさんち》オーストラリア大陸《たいりく》では、ふしぎなことに、この昆虫《こんちゅう》による果樹《かじゅ》の被害《ひがい》があまりないことに気《き》がつきました。

「オーストラリアには、イセリヤカイガラムシの天敵《てんてき》がいるにちがいない……。」

ライレーのこの考《かんが》えをうけて、アメリカ政府《せいふ》はオーストラリアに天敵《てんてき》さがしのための専門家《せんもんか》を派遣《はけん》しました。そして発見《はっけん》したのが、体長《たいちょう》わずか四ミリメートルのテントウムシのなかま、ベダリヤテントウだったのです。

日本《にっぽん》でも、イセリヤカイガラムシが発見《はっけん》されたことから、明治《めいじ》四十四年《ねん》（一九一一年《ねん》）に台湾《たいわん》からベダリヤテントウ

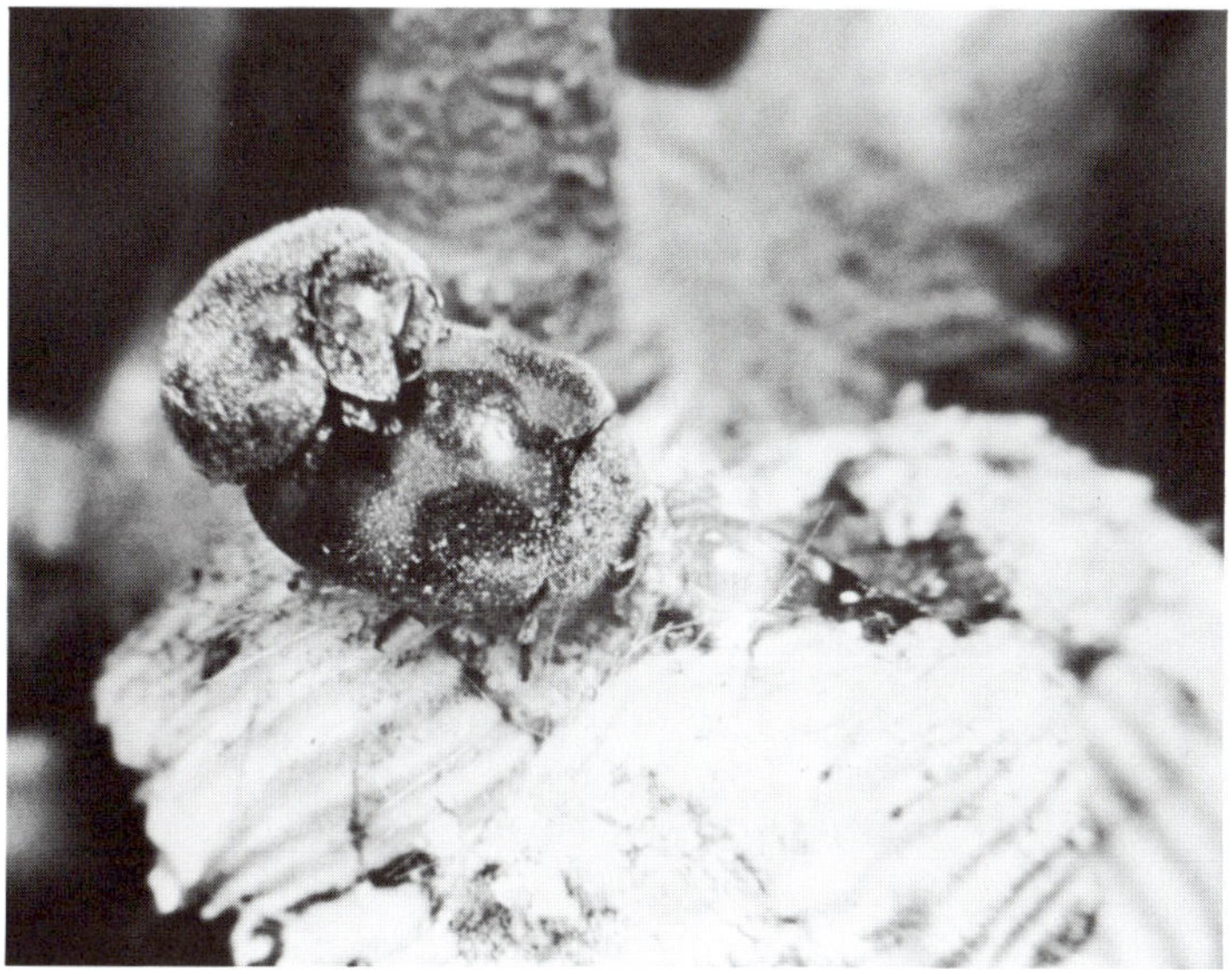

イセリヤカイガラムシを食《た》べるベダリヤテントウの成虫《せいちゅう》。幼虫《ようちゅう》もイセリヤカイガラムシを食《た》べる生《い》きた農薬《のうやく》です。

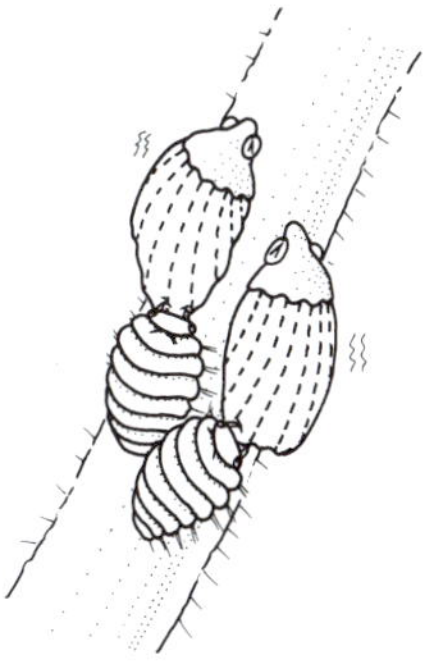

を輸入《ゆにゅう》しました。実験室《じっけんしつ》でなかまをふやし、被害《ひがい》をうけている果樹園《かじゅえん》にはなした結果《けっか》、とても良好《りょうこう》でした。

それまでにも、害虫《がいちゅう》から作物《さくもつ》や果樹《かじゅ》をまもるために、いろいろな農薬《のうやく》がつくりだされてきました。なるほど農薬《のうやく》によって、作物《さくもつ》や果樹《かじゅ》を害虫《がいちゅう》からまもることはできました。しかし、花《はな》をおとずれ、受粉《じゅふん》のたすけをしてくれるはずの昆虫《こんちゅう》たちまでもころしてしまう結果《けっか》になったのです。

このような片手《かたて》おちを解決《かいけつ》してくれたのが、天敵《てんてき》、すなわち〝生《い》きた農薬《のうやく》〟たちのはたらきだったのです。

いまでは〝生《い》きた農薬《のうやく》〟はテントウムシだけではありません。リンゴの木《き》につくワタムシをたいじするワタムシヤドリコバチ、ミカンの木《き》につくカイガラムシをたいじするクワコナコバチなどが、全国《ぜんこく》の果樹園《かじゅえん》で広《ひろ》く利用《りよう》されています。

クワコナコバチ。ミカンの木《き》の害虫《がいちゅう》，カイガラムシ（円内《えんない》）に寄生《きせい》します。

＊テントウムシの天敵《てんてき》

➡テントウムシヤドリコバチの幼虫《ようちゅう》にからだのなかみを食《く》いつくされたテントウムシのさなぎ（皮《かわ》を切《き》ってみました）。ハチは，もうさなぎになっています。やがて羽化《うか》して，外《そと》にでてくるでしょう。

昆虫《こんちゅう》たちの最大《さいだい》の天敵《てんてき》は野鳥《やちょう》です。しかし、テントウムシは、野鳥《やちょう》たちがきらうしるを足《あし》の関節《かんせつ》からだすので、ほとんど野鳥《やちょう》に食《た》べられることはありません。ムクドリの親《おや》が、ひなのためにはこんだ昆虫《こんちゅう》の数《かず》をしらべたアメリカの学者《がくしゃ》の記録《きろく》があります。それによると、三年間《ねんかん》に親鳥《おやどり》がはこんだ昆虫《こんちゅう》の数《かず》、約《やく》一万《まん》六千《せん》五百《ひゃく》ぴきのうち、テントウムシの数《かず》はたった二ひきだったそうです。

では、テントウムシには天敵《てんてき》がいないのでしょうか。いいえ、そんなことはありません。もし天敵《てんてき》がいなかったら、テントウムシの数《かず》はどんどんふえつづけ、そこらじゅうテントウムシだらけになってしまいます。

テントウムシにもやはり天敵《てんてき》がいます。よくしられているものは、テントウムシヤドリコバチ、テントウムシヤドリコマユバチ、テントウムシヤドリバエなどです。ヤドリコバチやコマユバチは、テントウムシの幼虫《ようちゅう》に産卵管《さんらんかん》をつきさして、たまごをうみつけます。ヤドリバエは、幼虫《ようちゅう》のからだの外《そと》にたまごをうみつけ、かえったうじが、テントウムシの幼虫《ようちゅう》の体内《たいない》にもぐりこみ、栄養《えいよう》をうばって成長《せいちょう》します。

このように、外敵《がいてき》から身《み》をまもるしくみとどうじに、天敵《てんてき》のはたらきによって、ほろびず、ふえすぎずという、ほかの昆虫《こんちゅう》との数《かず》のバランスをたもっているのです。

●テントウムシヤドリコバチ

↑テントウムシヤドリコマユバチのまゆをつけたナナホシテントウ。ハチは，まゆの中《なか》でさなぎになり，やがて羽化《うか》して，まゆにあなをあけてとびたちます。

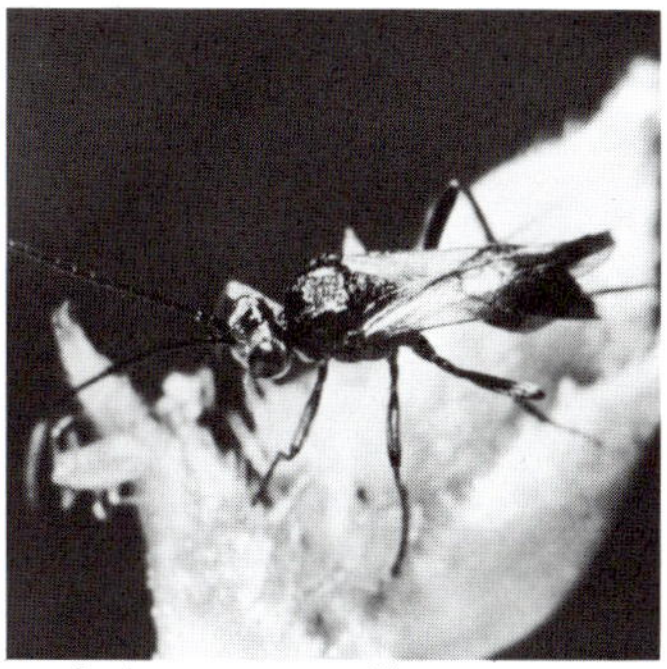

↑羽化《うか》をして，外《そと》にでてきたテントウムシヤドリコマユバチ。体長《たいちょう》は約《やく》5㎜。

↓テントウムシヤドリバエの幼虫《ようちゅう》に寄《き》生《せい》されて死《し》んだナミテントウ。テントウムシは成虫《せいちゅう》になるまで生《い》きていますが，ハエの幼虫《ようちゅう》がさなぎ(矢印《やじるし》)に成長《せいちょう》するころ，死《し》んでしまいます。右上《みぎうえ》はテントウムシのたまご。

↓テントウムシヤドリバエの成虫《せいちゅう》。体長《たいちょう》は約《やく》5㎜。

＊テントウムシを飼《か》おう

テントウムシの幼虫《ようちゅう》や成虫《せいちゅう》を飼《か》って、成長《せいちょう》していくようすや、くらしをかんさつしましょう。

テントウムシの食《た》べものは、幼虫《ようちゅう》も成虫《せいちゅう》もアリマキです。だから、アリマキがいっぱいつくバラやムギ、クリの木《き》、モモ、アキノノゲシなどの芽《め》や、やわらかいくきのまわりをさがすと、わりあいよくみつかります。

●入《い》れもの

テントウムシの幼虫《ようちゅう》は小《ちい》さいので、入《い》れものも小《ちい》さなものでじゅうぶんです。外《そと》からでもよくかんさつできるように、中《なか》がすきとおってみえるものをえらびましょう。にげられないように、こまかいあみでふたをします。

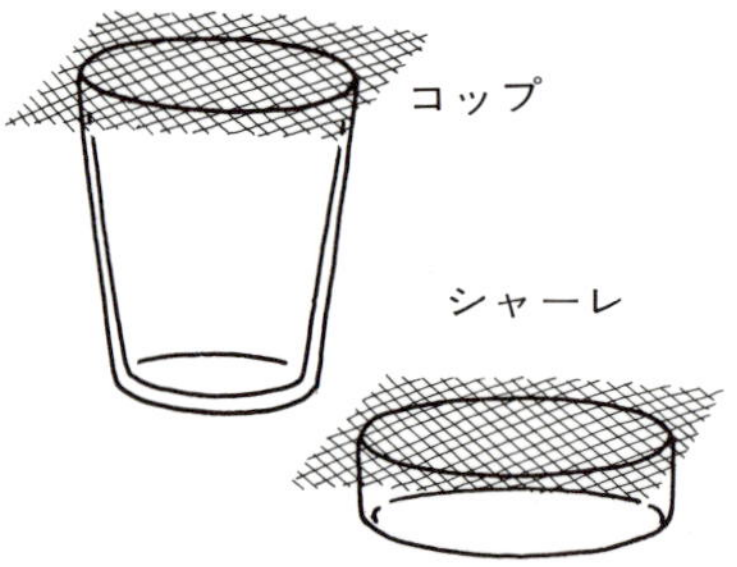

●えさ

幼虫《ようちゅう》は、アリマキを食《た》べます。アリマキは、草《くさ》の葉《は》などにたくさんついていますから、葉《は》ごととってきましょう。

ときどき、リンゴをうすく切《き》ってやりましょう。テントウムシは、水分《すいぶん》もひつようなのです。

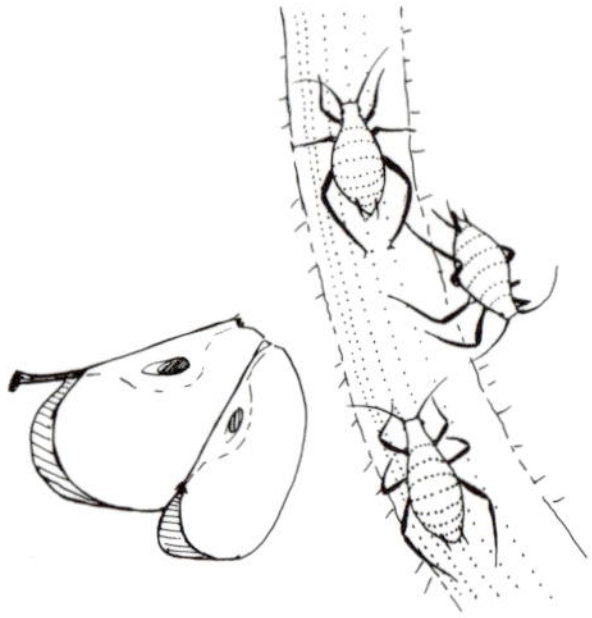

●一度《ど》に飼《か》う数《かず》

テントウムシは肉食《にくしょく》ですから、えさがたりなくなると、なかまどうしで食《た》べあいをはじめます。

じゅうぶんえさをあたえて、多《おお》くても四、五ひきずつで飼《か》うようにしましょう。

●そうじをわすれずに

入《い》れものの中《なか》は、食《た》べかすやふんですぐよごれます。これでは幼虫《ようちゅう》もよわってしまいます。

毎朝《まいあさ》、きれいにあらってやり、水気《みずけ》をよくふきとって、えさもあたらしいものにとりかえましょう。

ナナホシテントウの一年《ねん》

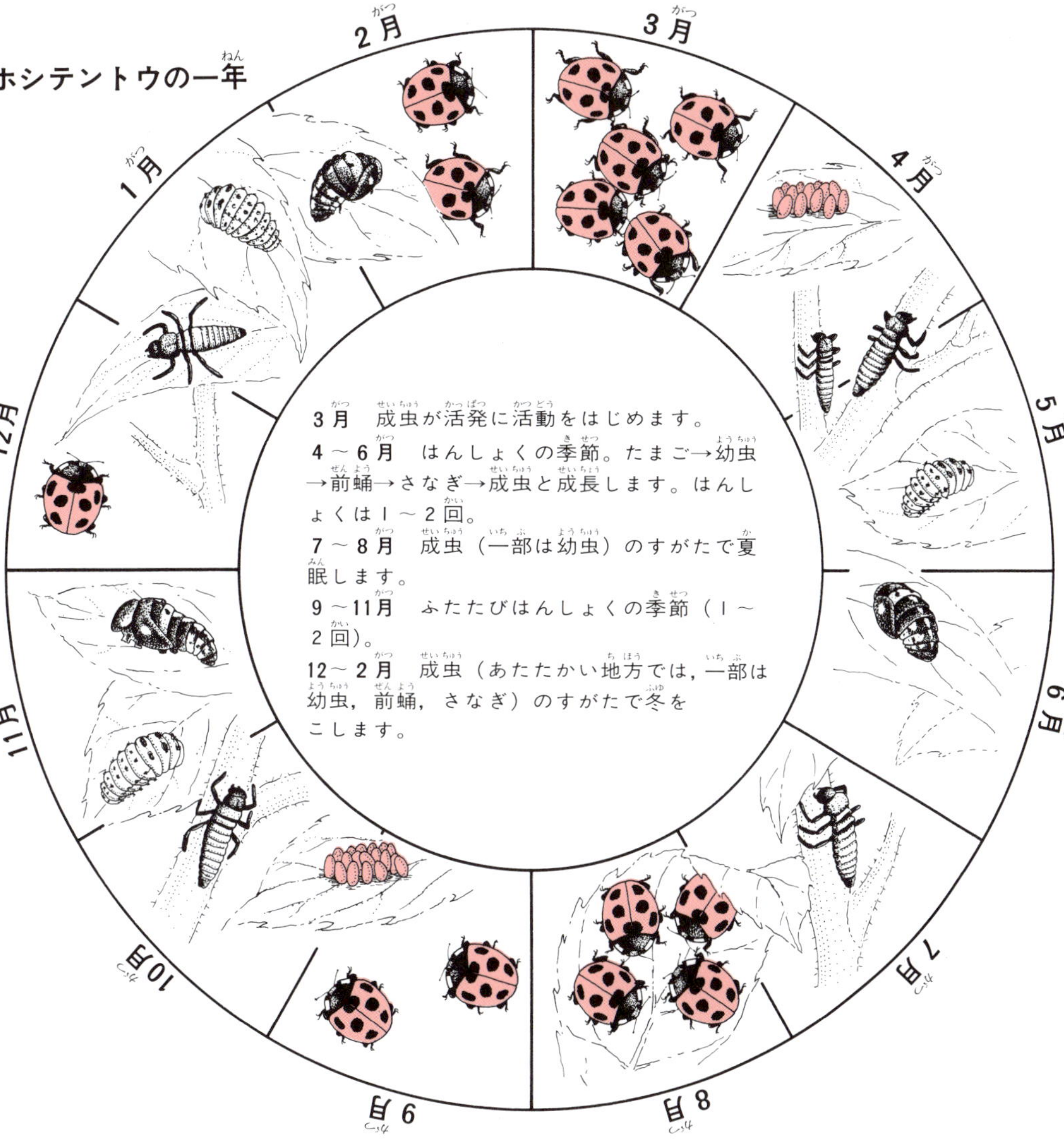

3月《がつ》　成虫《せいちゅう》が活発《かっぱつ》に活動《かつどう》をはじめます。
4～6月《がつ》　はんしょくの季節《きせつ》。たまご→幼虫《ようちゅう》→前蛹《ぜんよう》→さなぎ→成虫《せいちゅう》と成長《せいちょう》します。はんしょくは１～２回《かい》。
7～8月《がつ》　成虫《せいちゅう》（一部《いちぶ》は幼虫《ようちゅう》）のすがたで夏眠《かみん》します。
9～11月《がつ》　ふたたびはんしょくの季節《きせつ》（１～２回《かい》）。
12～2月《がつ》　成虫《せいちゅう》（あたたかい地方《ちほう》では，一部《いちぶ》は幼虫《ようちゅう》，前蛹《ぜんよう》，さなぎ）のすがたで冬《ふゆ》をこします。

春《はる》まで生《い》かしておくには

冬《ふゆ》になって、冬眠《とうみん》をはじめたテントウムシを、春《はる》まで生《い》かしておくことができます。それには、つぎのようなことに注意《ちゅうい》しましょう。

①入《い》れものにカビがはえないように、食《た》べもののかすをきれいにあらいおとす。
②食《た》べものはやらない。
③入《い》れものを、寒《さむ》くて暗《くら》いへやにおく。
④かんさつをするときも、あたたかいへやにもちださない。テントウムシが目《め》をさましてうごきだすと、体力《たいりょく》をつかいはたして死《し》んでしまいます。

×

○

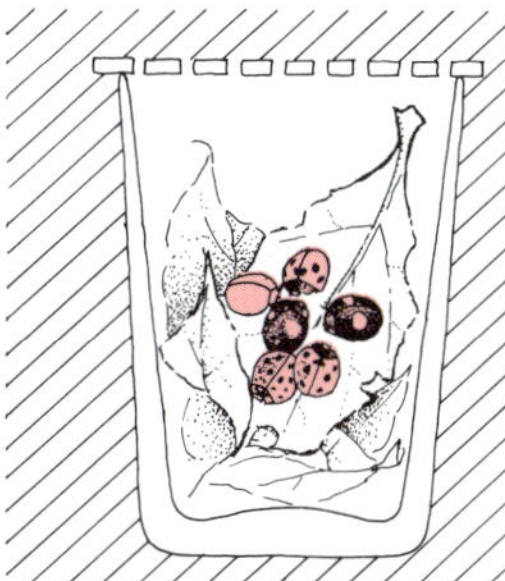

＊テントウムシのいたずら実験《じっけん》

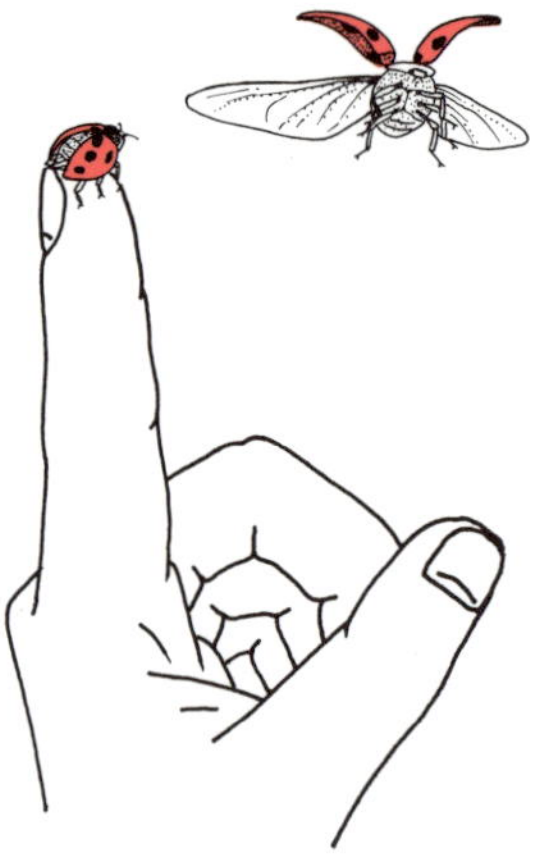

テントウムシの成虫《せいちゅう》をつかまえてきて、ちょっといたずらをしてみませんか。いろいろなしぐさやからだのうごかし方《かた》で、テントウムシの足《あし》や羽《はね》のしくみ、役《やく》わりなどが、いっそうよくわかります。

つかまえるとき、指《ゆび》にくさいしるをつけられても心配《しんぱい》いりません。あとで石《せっ》けんをつけてあらえば、きれいにとれます。

●どうやって、おきあがるかな?

テントウムシを指《ゆび》でさわると、足《あし》をちぢめて死《し》んだまねをします。そのとき、テントウムシをうらがえしにしてみましょう。

しばらくすると、テントウムシは羽《はね》をのばし足《あし》をうごかして、いっしょうけんめいおきあがろうとします。

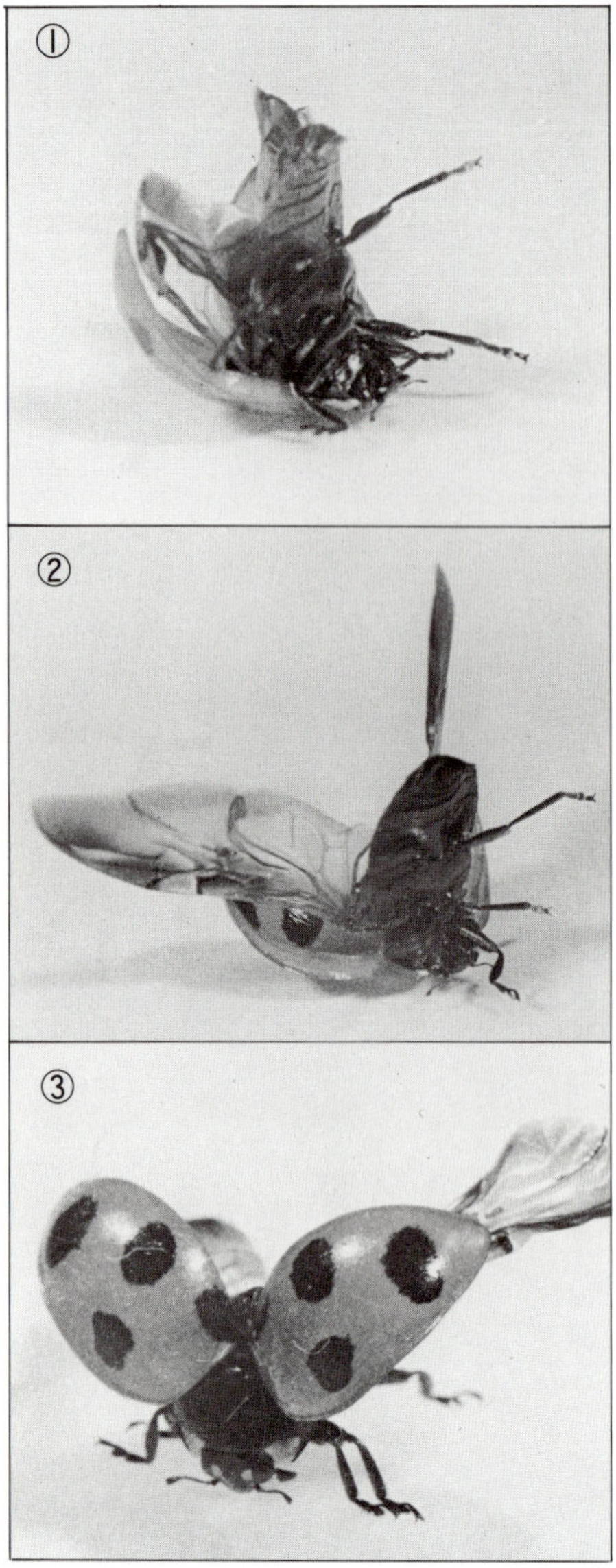

↑①足《あし》のつめをゆかにひっかけようとして，頭《あたま》をじくにくるくるまわります。②やわらかい後《うし》ろ羽《ばね》をのばして，からだをおこそうとします。③ゆかからまくれるようにしておきあがります。

どうやってとびたつかな？

テントウムシは、高《たか》い方《ほう》へ高《たか》い方《ほう》へとのぼる性質《せいしつ》があり、ゆきどまりになると、そこからとびたつ性質《せいしつ》があります。

とびたつときの羽《はね》のうごき、前羽《まえばね》と後《うし》ろ羽《ばね》の役目《やくめ》のちがいをよくみましょう。

↑とびたつ

↑のぼりきる

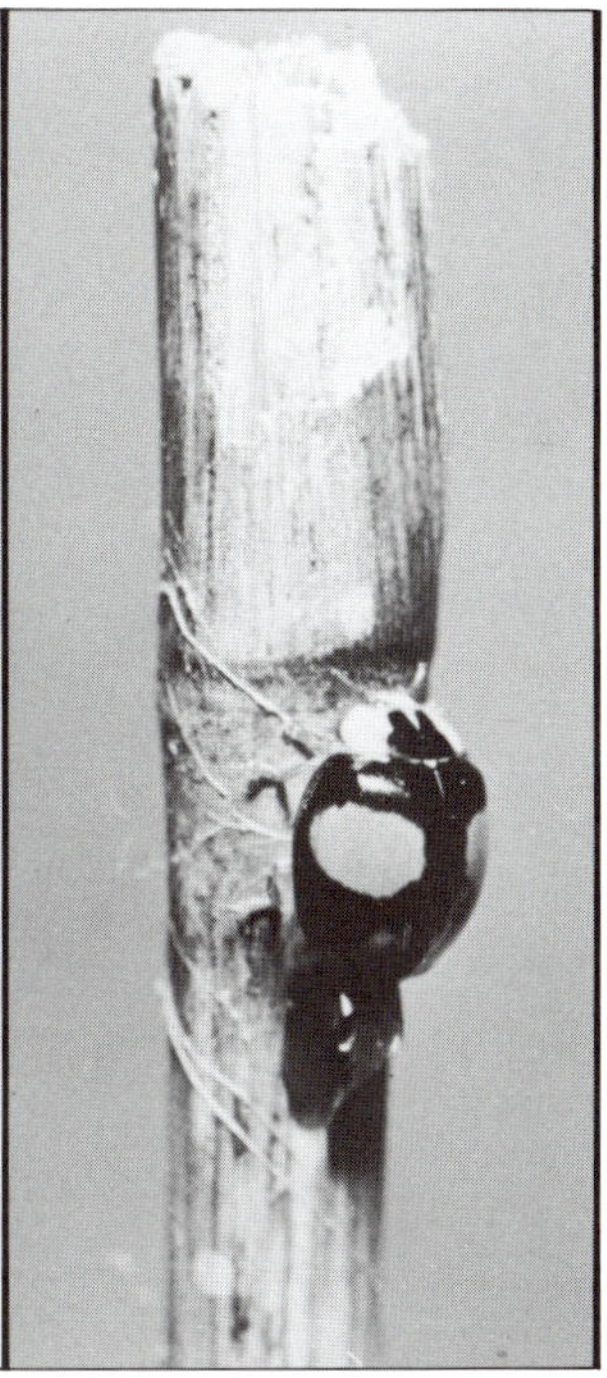

↑のぼる

どうやってあるくかな？

テントウムシは、つるつるしたガラスの上《うえ》でもあるくことができます。足《あし》のさきにはえているこまかい毛《け》やねん液《えき》が、すいつく役目《やくめ》をしているからです。

ガラス板《いた》にろうそくですすをつけて、その上《うえ》をあるかせてみましょう。テントウムシのあるいた足《あし》あとがはっきりとつきます。

↓ガラスにつけたすすに，くっきりのこったテントウムシの足《あし》あと。

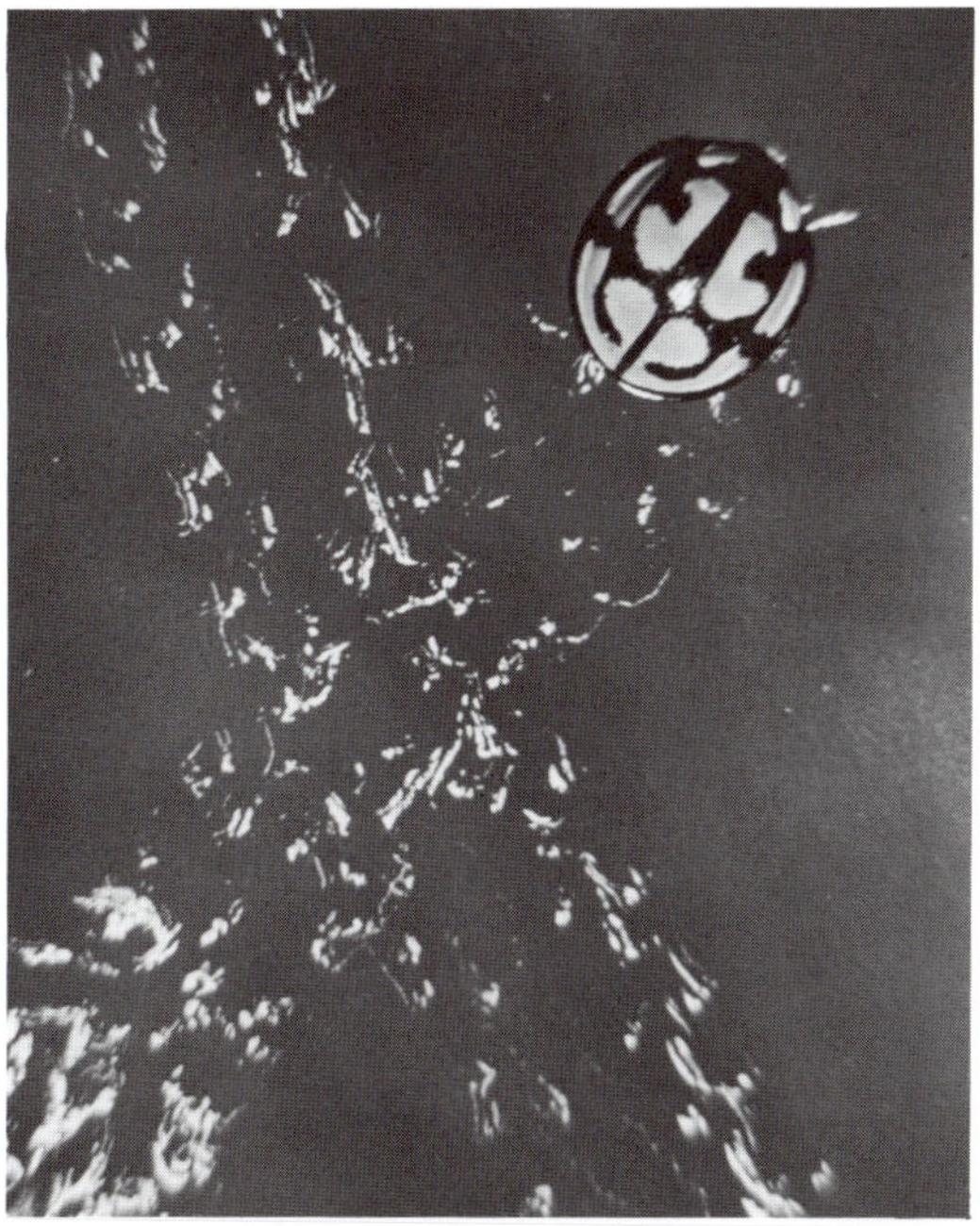

↑うらからみたテントウムシの足《あし》。

あとがき

虫《むし》たちとのつきあいは、まず、虫《むし》さがしからはじまります。でも、単《たん》にもとめている虫《むし》をみつけるだけでは不十分《ふじゅうぶん》です。虫《むし》たちが実際《じっさい》に生活《せいかつ》している場所《ばしょ》をさぐりあてなくては、その虫《むし》のほんとうのすがたはわかりません。ましてや、虫《むし》たちと本気《ほんき》でつきあうのであれば、なおさらそうでしょう。

しかし、虫《むし》たちとのつきあいのなかで、いちばんたいせつなことは、虫《むし》の足《あし》や触角《しょっかく》が、一本《ぽん》傷《きず》ついても、それをわたしたち自身《じしん》のからだの一部《いちぶ》がいたむようにかんじることができることです。そのような虫《むし》を愛《あい》する心《こころ》です。

テントウムシのすがたを写真《しゃしん》でおいはじめて以来《いらい》、山《やま》に雪《ゆき》のたよりがきかれる季節《きせつ》になると、わたしはいてもたってもいられないきもちになります。どこからともなくとんでくる何百何千《なんびゃくなんぜん》のナミテントウに心《こころ》がひかれていくのです。晩秋《ばんしゅう》の淡《あわ》い陽《ひ》にすけて白《しろ》くかがやくナミテントウの羽《はね》をとおして、いつしかわたしのおもいは、この小《ちい》さなからだにひそむなぞにむかっているのです。

そうした日《ひ》びのなかから、ここにやっと一冊《さつ》のテントウムシの本《ほん》ができあがりました。この本《ほん》にでてくる色《いろ》とりどりの衣装《いしょう》を着《き》たテントウムシが、あるときは冬《ふゆ》のおとずれを、またあるときは春《はる》のまぢかいことを、あなたといっしょにかんじとりたいと、はなしかけてくれることでしょう。

佐《さ》藤《とう》有《ゆう》恒《こう》

（一九七八年三月）

NDC486
佐藤有恒
科学のアルバム　虫 13
テントウムシ

あかね書房 2021
62P　23×19cm

科学のアルバム
テントウムシ

一九七八年三月初版
二〇〇五年 四 月新装版第 一 刷
二〇二一年一〇月新装版第一四刷

著者　佐藤有恒
発行者　岡本光晴
発行所　株式会社 あかね書房
〒一〇一―〇〇六五
東京都千代田区西神田三―二―一
電話〇三―三二六三―〇六四一（代表）
ホームページ http://www.akaneshobo.co.jp
印刷所　株式会社 精興社
写植所　株式会社 田下フォト・タイプ
製本所　株式会社 難波製本

ISBN978-4-251-03358-1
定価は裏表紙に表示してあります。
落丁本・乱丁本はおとりかえいたします。

○表紙写真
・ハルジオンのつぼみにとまる
　ナナホシテントウ
○裏表紙写真（上から）
・アリマキを食《た》べる
　ナナホシテントウ
・とびたとうとしている
　ナナホシテントウ
・集団《しゅうだん》で冬眠《とうみん》をするナミテントウ
○扉写真
・葉《は》の上《うえ》からとびたつ
　ナナホシテントウ
○もくじ写真
・ぼうの先《さき》からとびたつ
　ナミテントウ（連続写真《れんぞくしゃしん》）

科学のアルバム

全国学校図書館協議会選定図書・基本図書
サンケイ児童出版文化賞大賞受賞

虫

モンシロチョウ
アリの世界
カブトムシ
アカトンボの一生
セミの一生
アゲハチョウ
ミツバチのふしぎ
トノサマバッタ
クモのひみつ
カマキリのかんさつ
鳴く虫の世界
カイコ まゆからまゆまで
テントウムシ
クワガタムシ
ホタル 光のひみつ
高山チョウのくらし
昆虫のふしぎ 色と形のひみつ
ギフチョウ
水生昆虫のひみつ

植物

アサガオ たねからたねまで
食虫植物のひみつ
ヒマワリのかんさつ
イネの一生
高山植物の一年
サクラの一年
ヘチマのかんさつ
サボテンのふしぎ
キノコの世界
たねのゆくえ
コケの世界
ジャガイモ
植物は動いている
水草のひみつ
紅葉のふしぎ
ムギの一生
ドングリ
花の色のふしぎ

動物・鳥

カエルのたんじょう
カニのくらし
ツバメのくらし
サンゴ礁の世界
たまごのひみつ
カタツムリ
モリアオガエル
フクロウ
シカのくらし
カラスのくらし
ヘビとトカゲ
キツツキの森
森のキタキツネ
サケのたんじょう
コウモリ
ハヤブサの四季
カメのくらし
メダカのくらし
ヤマネのくらし
ヤドカリ

天文・地学

月をみよう
雲と天気
星の一生
きょうりゅう
太陽のふしぎ
星座をさがそう
惑星をみよう
しょうにゅうどう探検
雪の一生
火山は生きている
水 めぐる水のひみつ
塩 海からきた宝石
氷の世界
鉱物 地底からのたより
砂漠の世界
流れ星・隕石